U0151401

后浪

我们赶海去

1

刘毅 林俊卿 著　林俊卿 绘

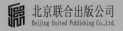
北京联合出版公司
Beijing United Publishing Co.,Ltd.

目 录

第 1 回

咕噜噜！肚子饿了！

啊……！啊……！早晨！早晨！早晨到了！

喂！喂！快起床！
你要睡到什么时候！

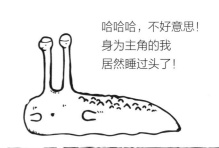

哈哈哈，不好意思！
身为主角的我
居然睡过头了！

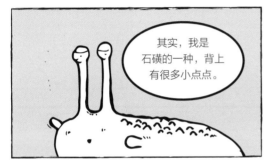

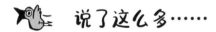

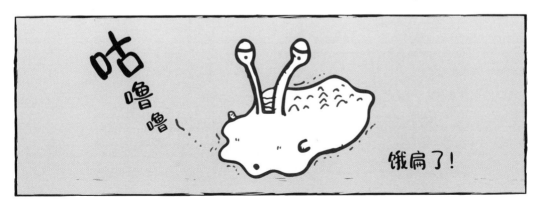

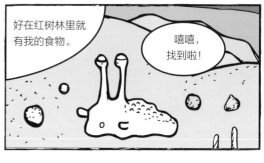

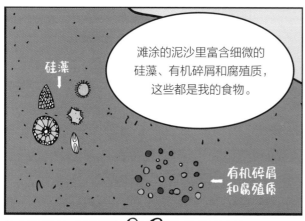

好像要……要出来了！

2秒后……2秒后……

呃……哈哈哈！
正在看漫画的
全球的小伙伴们，
失……失礼啦！

由于我的身体构造的
原因，只能一边吃
一边拉……
我也很苦恼。

虽然说这样确实
不太雅观。

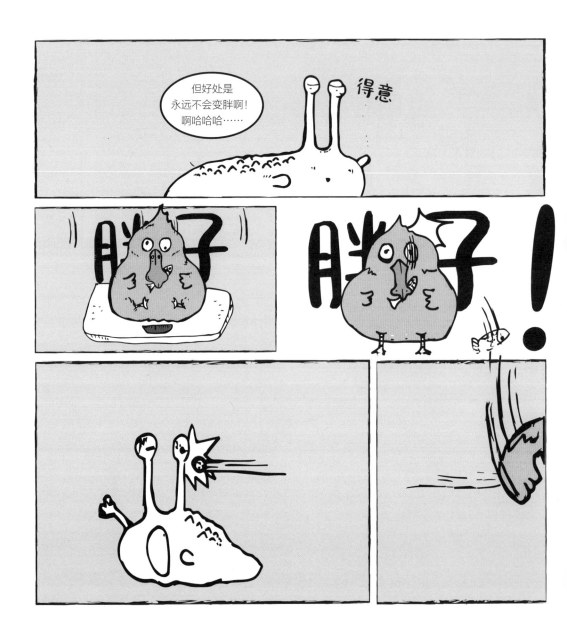

刘博士大讲堂

全球的小伙伴们，我就是智慧与美貌并存的刘博士！今天我们来认识下漫画的主人公——石磺。

石磺是一类贝壳退化的软体动物，广泛分布于印度洋-太平洋沿岸的河口海域。

石磺身体扁平，呈椭圆形，头部背面有一对可以伸缩的触角，眼生于触角的顶端。

常见的瘤背石磺背上密布瘤状疙瘩，每个疙瘩的顶端都有一个小黑点。其实这些黑点都是石磺的"眼睛"。在它的后背正中央有一个最大的突起，上面的黑点叫"背眼"，其他小疙瘩上的黑点叫"瘤眼"。

背眼
瘤眼

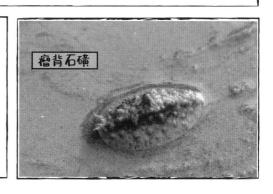

瘤背石磺

石磺长得像没壳的蜗牛，其实石磺的祖先是有螺壳的，只不过在进化的过程中抛弃了螺壳，变成了现在的样子。

石磺祖先

石磺在夜间及阴雨天出洞活动，而在有太阳照射的晴天时则躲入洞中，具有较强的避光习性。石磺正是依靠背上的黑点来感知光线的强弱。

石磺最有意思的地方莫过于它边吃边拉的习性，所以只要循着石磺便便的方向，很容易就能发现石磺的踪迹。

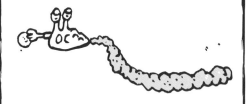

便便

边吃边拉的石磺

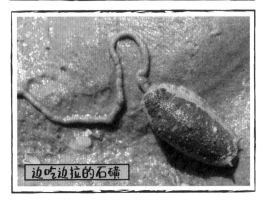

边吃边拉的石磺

"蟹蟹"！

吓……下回见！

第 2 回

什么是赶海?

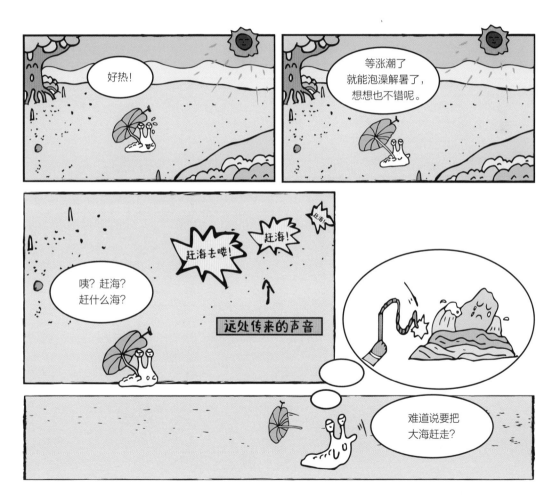

如果没有了海水，我怕是会被晒死的。不行，我得想办法阻止。

于是石小黄顺着声音的方向寻找，看看究竟是谁要把大海赶走……

赶海！赶海去！嘿嘿嘿！

找到了，就是他！

……

喂，大叔！请等等！

好可爱啊，你是石磺吧！

你怎么知道的？我叫石小黄。

戳！戳！

因为我是无所不知的刘博士啊。

刘博士？好像很厉害的样子。

环境科学博士

刘博士大讲堂

俗话说"靠山吃山，靠海吃海"。生活在海边的人们自古以来就懂得合理利用大海的资源填饱肚子，繁衍生息。

有渔船的渔民主要靠出海打鱼获得渔获，广阔的大海经常给他们带来惊喜。

收获满满！

而另一些渔民则把目光投向退潮后的沙滩、滩涂、红树林等滨海湿地，那里同样有丰富的海洋资源。这就是"赶海"！所以赶海不是把海赶走，而是渔民带着工具去拾捡海鲜，是渔民的一种生活方式。

"赶海"对普通民众来说是接触大海、观察认识海洋生物多样性和潮间带生态系统的绝佳机会，而不是去抓海鲜。想吃海鲜的话，大家可以去海鲜市场或者找渔民购买。

赶海收获

通过"赶海"这种简单易行的方式，小伙伴们可以观察到各种各样好玩的生物。但观察后需放生、不带走生物、不留下海洋垃圾，这点很重要哦！

文明赶海
观察学习
不带走（生物）
不留下（垃圾）

潮间带观察

在退潮后的红树林滩涂区，你会发现萌萌的招潮蟹、生气的弹涂鱼，以及各种贝类等。

在退潮后的礁石区，你会找到长相怪异的龟足、三五成群的贻贝、像石头一样的藤壶等。这些滨海生物将在后续的漫画里慢慢介绍给大家！

看到这儿，可能有的小伙伴已经跃跃欲试，想和刘博士一起去赶海。别着急，赶海之前还需要做好一些准备工作！

首先你得有一份当地海洋的详细潮汐时刻表，或者通过相关的网站、App 查询当地潮汐信息。因为赶海得在潮水退去之后，才能有所发现！不然有可能你兴冲冲地来，结果只能望洋兴叹、败兴而归！

对于陌生的海域，若没有熟悉情况的向导支持，不要贸然赶海。由于海岸地形、地貌、水动力等因素影响，海边可能有流沙、暗涌、断层等风险，严重的将危及生命安全。

其次，滨海湿地环境复杂，要去赶海，得先准备好保护装备和好用的工具！

赶海穿胶鞋、滩涂鞋比较合适，千万别穿拖鞋。穿拖鞋不能有效地保护脚部，容易被石头、牡蛎壳、垃圾等尖锐物划伤。

穿拖鞋还不方便涉水。特别在滩涂区域，穿拖鞋行走艰难，一旦陷入淤泥，就很难拔出，基本上就要和你的拖鞋说再见了。

拖鞋呢？

另外，刘博士向大家介绍一种滩涂上特有的工具——"泥马"。它长得像独木舟，又像木马，长约 1 米，中间有一个小把手。

泥马

使用时，双手握紧把手，单脚骑在泥马上，另外一只脚用力蹬，就可以在滩涂上健步如飞，堪称赶海界的"宝马"。

滩涂上的神器——泥马

如果是晴天去赶海，还要做好防晒工作，因为海边的太阳比较毒辣，很容易晒黑甚至晒伤。戴上帽子、遮阳巾，穿宽松的长袖衣服，出门前抹好防晒霜。另外，带上医药箱也是很有必要的。

—— 帽子
—— 遮阳巾
—— 长袖衣服
—— 医药箱

赶海的工具有很多，常用的有手套、竹篓、钩子、铲子等。

做好这些准备工作，就可以开开心心去赶海啦。如果是没有条件赶海的内陆朋友，可以跟着我们的书一起去赶海哦。

本回就说到这儿，"蟹蟹"收看！

第 3 回

为什么叫红树林？

我是木榄！

红树林大家族的一员。

石小黄

可是，你浑身上下没有一处是红色的，为什么叫红树林？

这个嘛！

给你讲个故事吧。

啊……！啊……！ **很久、很久以前……**

一个马来人来到一片海边的森林，他想砍点柴。

马来人

就你了！

你想干吗？

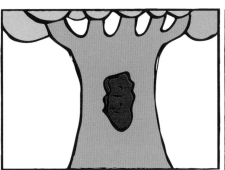

后来，马来人发现，从这种树的树皮中还能提取出红色的染料。

给衣服换个颜色!

虽然不知道为什么,但这种会变红的植物还挺神奇的!

以后,就叫你红树林吧!

你高兴就好!

是不是还有些疑惑呢?
接下来是揭秘时间

刘博士大讲堂

为什么裸露的红树植物的树皮会变红呢？

不知道，快讲！

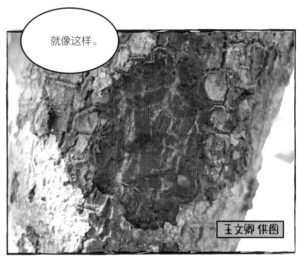
就像这样。

王文卿 供图

因为它们的树皮富含单宁酸，遇空气氧化就变红了！

单宁酸

就像咬过一口的苹果，放在桌上过一会儿就会变黄，道理是一样的。

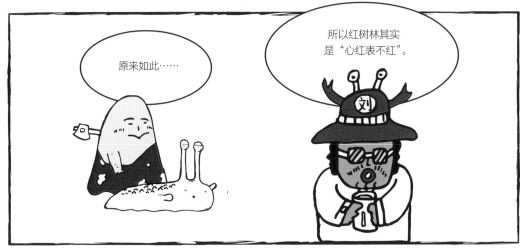

最后，刘博士提醒大家：
故事情节仅做科普，切勿模仿！
所有的红树植物都受法律保护，
严禁砍伐破坏！

第 4 回

生存考验!

在海边生活真是件惬意的事。

但对于红树林来说，

每天都面临着大自然的考验。

严峻考验即将到达！

淡定脸

大自然考验君

A 计划

喂，风神君，今天请务必把红树林推倒。

小菜一碟！

放心吧！妥妥的！

风神君

那么，

该我上场表演了！

风力全开！

啊……啊…… 1个小时后……

啊……啊……
1个小时后……

刘博士大讲堂

红树林为什么
这么强大呢?

让刘博士告诉你!

为了抵御台风暴潮的冲刷，红树植物生出了庞大的根系。

比如支柱根可以牢牢地抓住柔软的湿地泥土，这样就能在风浪中屹立不倒了！

支柱根

有些红树植物有伸出泥土的呼吸根，可以在土壤被潮水淹没的时候进行呼吸。

呼吸根

红树植物的根部还有发达的通气组织，能够保留和传输氧气。

O_2

这样就算较长时间被海水淹没，也不怕缺氧死亡了。

虽然红树林无惧狂风大浪，可以保堤护岸，但对于人类的砍伐和破坏却是无能为力的。

砍伐　污染

70 年来，我国红树林面积消失了 46%。

围塘养殖

工程填埋

强大的支柱根

指状呼吸根

本回就说到这儿，"蟹蟹"收看！

让我们行动起来，树立环保意识，参与红树林保育活动，共同保护地球母亲！

第 5 回
红树植物的胎生现象

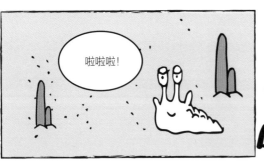

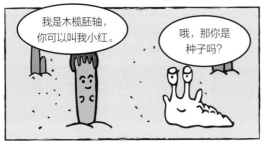

从树上掉下来的时候，因为脚重头轻，就顺利插到泥里了。

这样才能生根，继续长大。

但是，也有不顺利的时候。

比如掉下来的时候，遇到……

我又来了！

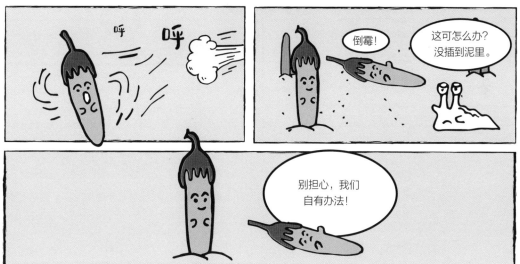

呼　呼

倒霉！

这可怎么办？没插到泥里。

别担心，我们自有办法！

因为我们的密度比海水小，
等潮水来的时候，就浮起来了。

小红帽
也会掉的。

我们体内存储了大量的能量，足够维持我
们漂流很长时间……

但危险还是
无处不在。

那个"果实"看起来
好像蛮好吃的！

我要吃啦！

实在是
难以下咽。

太难吃了！

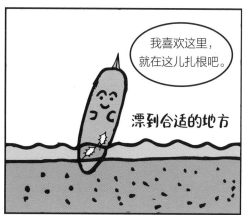

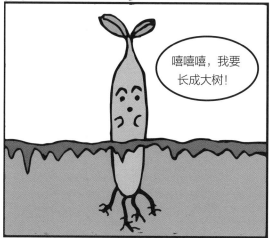

刘博士大讲堂

今天我们讲讲红树植物特殊的繁殖方式——胎生。

动物的繁殖方式多种多样，比如鸡是卵生，受精后的蛋需要经过孵化才能发育成小鸡。

卵生

而我们人类是胎生，受精卵在妈妈肚子里发育，通过脐带从母体获取营养，出生时已经是小宝宝了。大部分哺乳动物都是胎生的。

胎生 刘博士小时候

大部分植物靠种子繁殖。种子／果实的传播途径很多，比如靠风传播、靠动物传播、靠水传播等。

翅果 靠风传播

靠动物传播

红树林的生存环境尤为特殊，想要扎根生存非常不容易。于是，有些红树植物就采取了胎生的繁殖方式。

比如木榄，它们的种子成熟时，并不急着离开母树，而是在果实里发芽并继续生长，这就形成了像棍子一样的胚轴，之后才脱离母树。这种现象类似动物界的胎生。

木榄胚轴

红树植物的胚轴成熟掉落时，通常是长根的一端在下，发芽的一端朝上，并不会发生倒栽葱的状况。这到底是怎么做到的呢？有一种假说认为与淀粉粒有关。

淀粉粒

淀粉粒假说中，胚轴可以简单理解为流沙瓶。挂在树上时，淀粉粒受重力作用，主要集中于胚轴的下半部分，使得重心在下，这样落下时就能头朝上插到泥土里。

当胚轴落入水中感受到浮力，流沙瓶里的淀粉粒也逐渐调整，胚轴的重心慢慢转移，于是有些就头朝上躺着漂浮。

一旦抵达滩涂，浮力发生变化，流沙瓶里的淀粉粒又重新做了分布，重心下移，于是胚轴又竖起来了。

而且胚轴内富含可保证长途海漂的营养物质。此外，它还富含单宁酸，可避免漂浮过程中海水的腐蚀和动物的啃食。

为了繁衍后代，红树植物使出了浑身解数，真是不容易！

本回就说到这儿，"蟹蟹"收看！

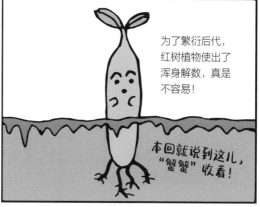

第 6 回

红树林喝海水的秘密

 去看看其他植物小伙伴怎么样了，嘤嘤嘤……

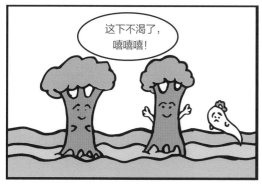

刘博士大讲堂

大家都知道，几乎所有生物的新陈代谢都依赖淡水。而海水的含盐量很高，喝了海水不但不能解渴，还容易造成"生理缺水"。

NaCl就是盐

海水

所有的红树植物都有"拒盐"的本领，通过构建特殊的"半透膜"体系，从海水中将盐分过滤，获取淡水。

绝招一：拒盐

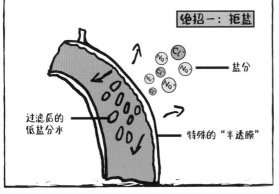

盐分

过滤后的低盐分水

特殊的"半透膜"

而红树植物生活的地方到处都是海水，为了获取淡水，红树植物练就了特殊的本领。

过滤效率高的植物如秋茄和木榄，可过滤99%以上的盐分，被称为"拒盐植物"。

含盐的老叶

剩余的 1% 盐分怎么办呢？秋茄、木榄等"拒盐植物"会将盐分运输到衰老的叶片或树枝中，脱落时就带走了多余的盐分。这就是"聚盐"（或"丢盐"）本领。

绝招二：聚盐/丢盐

过滤效率稍低的植物如白骨壤和桐花树等，过滤的盐分也可达 90% 以上。虽然效率低了点，但好在它们还有特殊的"泌盐武器"——通过叶片的盐腺将盐分分泌出去。

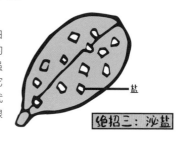

盐

绝招三：泌盐

桐花树叶片泌盐

白骨壤叶片泌盐

有了这三个绝招，红树植物如同携带了一个"海水淡化器"，它们就能在潮间带健康地成长了。

本回就说到这儿，"蟹蟹"收看！

第 7 回
树上挂满"奥特曼"

今天去岸边玩耍，出发！

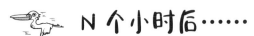

N 个小时后……

又热又累，得找个地方休息乘凉。

好大一片树荫！树根也大，好适合休息呢。

银叶树

嘿呦！

正当石小黄沉迷美梦的时候，突然……

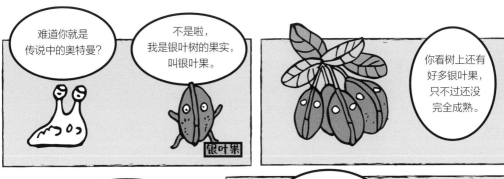

我们银叶果的密度小于海水，等潮水到来，我们就可以漂在海面上，直到找到合适的地方，然后扎根发芽。

之所以叫银叶树，那是因为叶子的背面呈银白色。

正面　背面

而且我们的外壳坚硬无比，里面富含胚乳等营养物质，可以支持我们顺利漂到合适的地方生根发芽。

胚乳

刘博士大讲堂

银叶树是梧桐科的常绿大乔木，因叶子背面呈现银白色而得名，属于半红树植物的一种。

叶子背面

银叶树主要分布于高潮线附近较少受到潮汐浸淹的红树林内缘。

——高潮线

银叶树板状根

银叶树叶子背面

银叶树

银叶树拥有发达的板状根，这些根甚至高达 2 米以上，可以抵御台风暴潮的侵袭，更是玩捉迷藏游戏的好地方。

银叶树的果实近椭圆形，成熟时呈咖啡色，非常坚硬，腹面具有明显的龙骨突起。如果在果实上添上几笔，就像极了奥特曼的头。

银叶果 → 添几笔 → 奥特曼

银叶树的果实

松鼠

虽然银叶果非常坚硬，但还是有动物可以啃食它们，比如松鼠。

松鼠牙齿非常坚硬锋利，它们可以嚼碎很硬的食物，比如银叶果。不得不说，自然界一物克一物的现象真神奇。

被嚼碎的银叶果

中国现存成年植株数在 20 株以上的银叶树种群仅见于广东深圳市盐灶、汕尾市海丰县香坑，广西防城港和海南清澜港。其中深圳盐灶古银叶树保护小区的银叶树种群分布较集中，树龄较长，甚至还有一株树龄超过 500 年的古树，是中国目前发现最古老的银叶树种群。

为了我们的子孙后代还能看到这种挂满"奥特曼"的植物，期待有更多人关注并认识银叶树，继而共同保护银叶树。

500 多岁了，咳咳咳……

银叶树在东南亚各地以及非洲东部、澳大利亚均有分布。我国台湾、海南、广东、广西和香港有天然分布。不过，我国银叶树的数量已经越来越少，成年植株不足 1000 株。

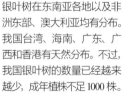

本回就说到这儿，"蟹蟹"收看！

第 8 回
红树林里的地摊集市

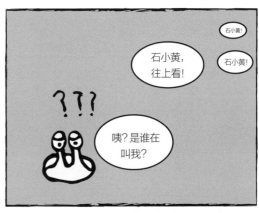

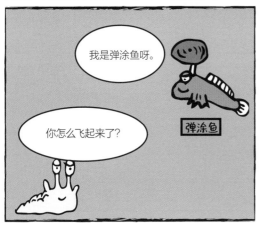

苦……!

怎么样，亲？
来几包？

算了，
我不怎么
喝茶。

咦？你卖的是
流星锤吗？

才不是流星锤，
这是我们水椰的果实。

果实里的种仁也叫
亚答子，口感 Q 弹，
特别好吃，是甜品
的绝佳辅料。

水椰

不能!

那么能试吃吗？

刘博士大讲堂

虽然石小黄梦到的"竹蜻蜓"并不是秋茄幼苗变成的,但是它梦中遇到的那些红树植物却是真实存在的哦。今天刘博士就和大家聊聊那些有意思的红树植物。

老鼠簕属常绿亚灌木,叶片可泌盐,叶片的先端非常尖,因此遇到它们的时候可要小心避让,不然很容易被刺疼。它的果实呈长圆形,像刚出生的小老鼠,因而得名。

老鼠簕

老鼠簕的根部具有药用价值,根部和叶片可制成凉茶饮用,具有凉血清热、解毒止痛的功能。

老鼠簕果实

水椰是棕榈科的常绿丛生灌木，常分布于咸淡水交界的河口、河滩区域，或生长于红树林的最内缘。

水椰

水椰浑身上下都是宝。它的种仁即亚答子，是一种特殊的水果，可生吃或腌渍后食用，也可以作为辅料放在饮料、甜品中，吃起来Q弹有嚼劲。

水椰果实

亚答子

水椰果实

水椰肉穗花序

水椰肉穗花序的汁液含糖量约15%，是榨糖、酿酒或制醋的好原料。用途最广的是叶子，在东南亚国家，水椰的叶子被用于搭盖屋顶，或编织成地席、篮子等日用品。

秋茄是红树科常绿灌木或小乔木。它有不太发达的板状根或支柱根，花小，呈白色。秋茄具有典型的胎生现象。每年四五月份，秋茄树上挂满了显胎生胚轴。因为其外形细长似笔，又生活在潮间带，因此在我国香港和台湾地区又被形象地称为"水笔仔"。

秋茄胚轴

秋茄胚轴富含淀粉，这让它有足够的能量度过漫长的海漂生活，也曾救过很多人的命。在二十世纪困难时期，福建省龙海浮宫镇的村民采集秋茄胚轴，在热水中熬煮去除其中的大部分单宁酸，然后在阳光下将其晒干后磨成粉，以此替代粮食。

自 2015 年起，中国红树林保育联盟每年都会开展"红树苗认养计划"，而认养的红树苗大部分是秋茄胚轴。大家在种植的时候常常把方向弄错。种植秋茄胚轴的时候，切记要把有芽（或者说有"帽子"）的一端朝上，另外一端朝下。

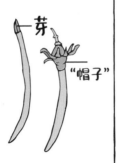

芽

"帽子"

秋茄胚轴

最后我们来聊聊红树林里的危险植物——海檬果。海檬果是夹竹桃科的常绿小乔木，因为它的果实像芒果，所以又被称为海芒果。

海檬果未成熟的果实呈绿色，成熟后变为橙红色或深红色，虽然看起来十分可口，但是它含有剧毒，尤其是果仁。据说一个成熟的海檬果果实可以毒死一头强壮的公牛。

成熟的海檬果果实

刘博士提醒大家：一定不能食用海檬果的果实。不过，虽然海檬果的果实含有剧毒，但它的花却非常美丽。

海檬果的花

虽然红树植物有许多的直接利用价值，但在中国所有的红树植物均列入保育范畴，不能私自进行任何形式的采集、破坏或利用，否则将承担法律后果。保护红树林，人人有责！

本回就说到这儿，"蟹蟹"收看！

第 9 回
神奇的弹涂鱼

天气真好!
放个风筝。

真倒霉!

没的玩了,
呜呜呜……

谁在哭?

你可以叫我
弹小跳。

是弹涂鱼呀。

弹涂鱼

为什么哭呢?

我的风筝挂住了。

刘博士大讲堂

弹涂鱼为什么
这么特别呢？

让刘博士告诉你！

弹涂鱼被称为"两栖"鱼类，它们既能在水里生活，又能短暂离开水在滩涂表面活动。

它们有发达并特化的胸鳍，可跳跃或依靠胸鳍爬行，也被称为"跳跳鱼"。

胸鳍

腹鳍

而且，它们的腹鳍特化为类似吸盘的结构，能够吸附于物体上。

因此有些种类的弹涂鱼可以利用胸鳍和腹鳍爬到树干或礁石上，但离地高度通常不超过1米。

卢刚 供图

除了弹涂鱼，红树林里比较常见的还有大弹涂鱼。

弹涂鱼

大弹涂鱼

关于我的故事，下一回漫画立刻来介绍!

本回就说到这儿，"蟹蟹"收看!

第 10 回

忙碌的大弹涂鱼

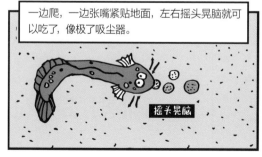

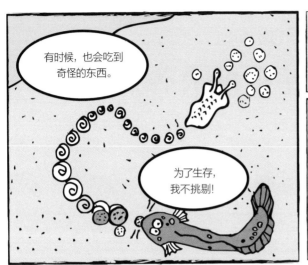

有时候，也会吃到奇怪的东西。

为了生存，我不挑剔！

酒足饭饱，该干活了！

潮水经常会把我的洞穴破坏，所以得及时修复。

嘿呵！

扑通！

用嘴把洞里多余的泥运出去！

啊……！啊……！

1个小时后……

终于修好啦！

有个安稳的小窝，所有的辛苦都值得！

但总有一些鱼想要不劳而获！

嘿嘿嘿！

站住！这是我的领地！

我的地盘

再不走，我就不客气啦！

发怒

警告无效的话，那就干一架吧！

啪！

啪！

守护家园，我可是认真的！

胜利

但生活嘛，并非事事如意！

刘博士大讲堂

大弹涂鱼

大弹涂鱼体侧和头部散布着亮蓝色的斑点，并有着异常张扬的背鳍。

大弹涂鱼"打架"现场

雄性大弹涂鱼有着较强的领地意识，当它们在滩涂上特别是洞口周围活动时，若有其他大弹涂鱼靠近或招潮蟹挥舞大螯耀武扬威，它们常被激怒。

表现为将鳃腔鼓起、张大嘴巴、两眼圆瞪、背鳍高扬宣示领地，甚至与对方打架。

偏这样

对了，有时候大弹涂鱼的眼睛会呈现爱心的形状哦！

本回就说到这儿，"蟹蟹"收看！

第 11 回
马失前蹄的蟹无敌

咦？？

嘿呦，一、二、三、四，

二、二、三、四，三、二、三、四……

我是石小黄，你是谁呀？

我就是传说中的"蟹无敌"！

弧边招潮蟹（雄）

再来一次！

哇！偶像！

我是最厉害的剑客，打遍天下无敌手！

幼稚，天天把时间浪费在打架上，还不如多吃点。

弧边招潮蟹（雌）

不是招手啦，我在运动。

你刚才在向谁招手呀？

只要一有空，我都会挥舞大钳子。

时间到了，

该涨潮了！

潮水要来啦，得快点躲到洞里，一会儿见！

随手切的一块泥　　洞口

好的，加油！

刚好堵住洞口，安全了。

终于退潮了，但是挑战者找上门了……

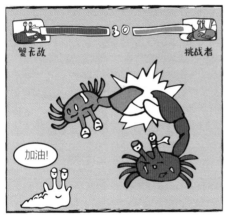

 The winner is Wudi Xie

获胜者：蟹无敌

刘博士大讲堂

看来蟹无敌短时间内是没办法无敌了，但是大家不要担心，过一段时间，它的大螯会重新长出来的。

在红树林常见的弧边招潮蟹

弧边招潮蟹是潮间带最常见的招潮蟹，通常分布于中、高潮带的淤泥质滩涂上，尤其是红树林周围。

雄蟹的体形一般比雌蟹要大，从外形上看区别也很明显。

一只小螯

一只超大的螯

都有 8 只脚

对称的小螯

弧边招潮蟹（雄）

弧边招潮蟹（雌）

拟粪

招潮蟹吃东西很像我们啃甘蔗要吐渣，不过它们吐出来的小泥球很规整，被称为"拟粪"。排出拟粪就是把初步筛选的废弃物从嘴里吐出来。

正在散步的雄蟹

雄蟹有一只和身体不成比例的大螯，它们只要一有空就挥舞着大螯，像在召唤潮水。更多的时候，大螯用来打架和显示雄性魅力以求偶，小螯则用来进食。

蟹无敌　挑战者

右撇子　左撇子

雄蟹的大螯有些在左，有些在右。你们知道为什么会有这种区别吗？到底是左撇子多，还是右撇子多呢？下次到海边注意观察，记得数一数。

正在进食的雌蟹

雌蟹则有一对对称的小螯，用于进食。

蟹无敌

本回就说到这儿，"蟹蟹"收看！

第 12 回
不会念经的和尚蟹

水鸟失望地飞走，
寻找新的食物。

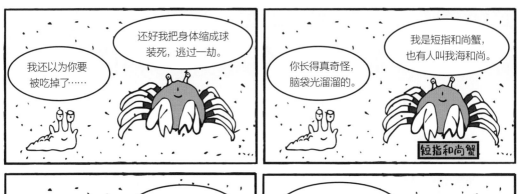

还好我把身体缩成球装死，逃过一劫。

我还以为你要被吃掉了……

我是短指和尚蟹，也有人叫我海和尚。

你长得真奇怪，脑袋光溜溜的。

短指和尚蟹

别闹，我又不是真的和尚！

哇！海和尚，那你会念经吗？

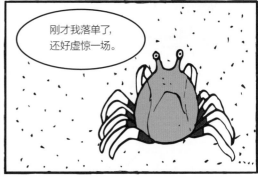

刚才我落单了，还好虚惊一场。

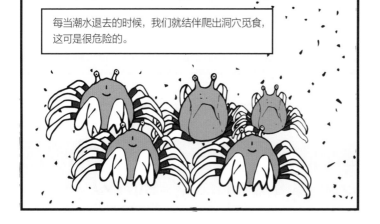

每当潮水退去的时候，我们就结伴爬出洞穴觅食，这可是很危险的。

因为捕食者们也在等着我们出洞。

为了生存，我们练就了一些绝招。

绝招一：以量取胜。即便被吃掉了一些同伴，对于种群的繁衍也无大碍。

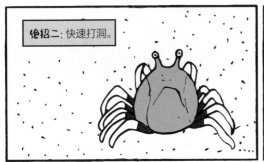

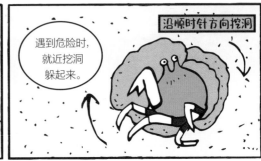

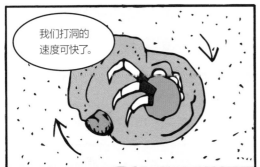

刘博士大讲堂

短指和尚蟹

短指和尚蟹头胸甲宽约1厘米，呈淡蓝色，圆球形，表面隆起且光滑，形状神似和尚的光头，这也是它"和尚蟹"名称的由来。

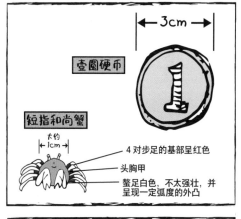

壹圆硬币

3cm

短指和尚蟹

大约1cm

4对步足的基部呈红色

头胸甲

螯足白色，不太强壮，并呈现一定弧度的外凸

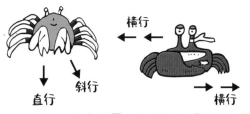

与大部分螃蟹不同，短指和尚蟹是直着向前走路的，有时也向斜前方走，且步伐飞快。

横行

斜行

直行

横行

短指和尚蟹生活在河口潮间带沙滩上，取食泥沙中的有机物。每当潮水退去，它们便纷纷钻出来，边走边不停地用两只螯足挖泥沙，同时往嘴里塞，并快速从中过滤出可食用的有机物，然后将泥沙吐出，形成拟粪。

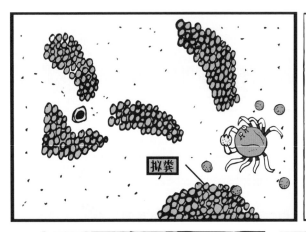

拟粪

短指和尚蟹在外出觅食时常常组成成千上万只的庞大队伍，犹如沙泥滩上的军团，所以有时候它们又被称为"兵蟹"。

成千上万的和尚蟹军团　罗理想 供图

罗理想 供图

组团觅食的和尚蟹

卢刚 供图

对了，在广西北海，有一道特色美食"沙蟹酱"，就是用短指和尚蟹制成的。

沙蟹酱

本回就说到这儿，"蟹蟹"收看！

第 13 回
身负"盔甲"的关公蟹

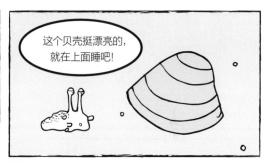

谁知，石小黄还没睡多久，奇怪的事情就发生了……

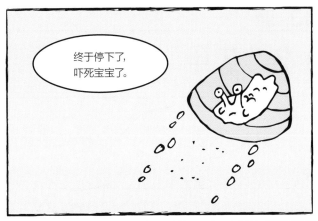

就在石小黄惊魂未定的时候，它发现贝壳下面有东西在说话……

贝壳下面露出了一对眼睛和钳子

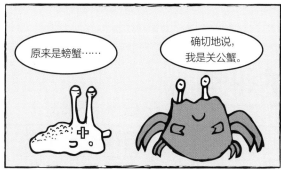

原来是螃蟹……

确切地说，我是关公蟹。

转个身给你看看，我的头胸甲，像不像关二爷？

关公蟹

关公

好帅气! 你为什么要背着贝壳到处跑？

别看我长得威武，但是没什么战斗力，为了保护自己，我出门都要背着一个"盔甲"。

还是把贝壳背起来吧，太危险了。别再爬到我的盔甲上了，还是有点重的。我走了，拜拜!

哦，对不起!拜拜!

刘博士大讲堂

关公蟹的身体非常扁，头胸甲上有夸张的凸起和凹陷的沟纹，构成了一张怒目圆睁、凶巴巴的"脸"，酷似关公，于是被取名"关公蟹"。

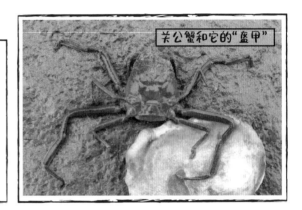

关公蟹和它的"盔甲"

关公蟹的一对螯足很小，前两对步足又细又长，而后两对步足移到了背面（头胸甲这一侧），缩短并在尾节特化为倒钩状，用于背负"盔甲"。

头胸甲

步足：用于移动、划水

关公蟹

步足：用于钩住重物，背负重物

虽然关公蟹长得很威武，但是它没有强壮的身躯，螯足弱小、不发达，几乎丧失了打架的功能。

为了躲避敌人，关公蟹经常背着"盔甲"，躲在下面伪装自己。它们的"盔甲"各种各样，有时候是贝壳，有时候是树叶，有时候甚至是沙滩上的人类垃圾。

贝壳

树叶

塑料片

垃圾

海胆壳

在此，刘博士呼吁大家不要随意丢弃垃圾。谁也不想在海滩上看到生活垃圾被关公蟹背着满地跑的场景吧？

刘

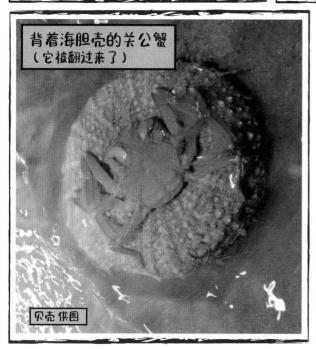

背着海胆壳的关公蟹（它被翻过来了）

贝壳 供图

如果伪装被识破，它们就会迅速丢弃"盔甲"，用"盔甲"转移对方的注意力，从而逃之夭夭。

发现你了，哈哈！

！！

快跑！

唔？会动的贝壳……

！！

要是被抓住了某只脚，它们会毫不犹豫将那只脚弄断，献给敌人，自己趁机逃跑，断脚还会再长出来的。

所以关公蟹遇到威胁时，不是在逃跑，就是在逃跑的路上……

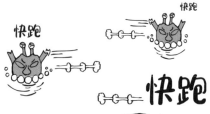

虽然在武力上和关二爷没的比，但关公蟹精通《孙子兵法》"三十六计，走为上计"的精髓，逃跑的能力首屈一指。

本回就说到这儿，"蟹蟹"收看！

第 14 回

寄居蟹的"新房"之争

不给!

给我吧!

就不!

求你了!

休想!

那我可要
抢了!

就在寄居蟹甲和乙打得不可开交的时候,来了一群吃瓜群众。

啪!

啪!

有话好好说,
别打架呀!

但它们可不是一般的吃瓜群众,每个人的心里都各怀鬼胎……

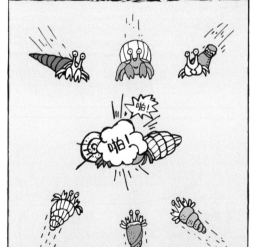

啪!

啪!

寄居蟹丙

嘻嘻,打吧,不管谁赢了,我都可以趁机抢走"房子"。它们的"房子"对我来说都很合适。

寄居蟹丙的"房子"很适合我,待会它应该会抢打输的那个,我再抢它的就好了。

寄居蟹丁

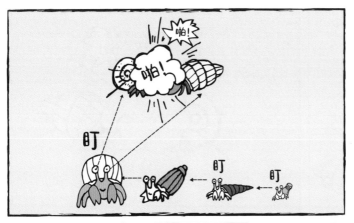

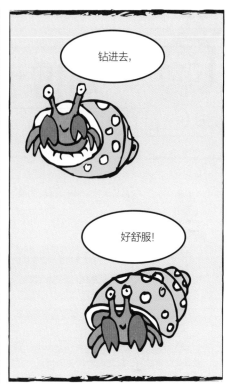

刘博士大讲堂

大螯：用于爬行、进食、攻击、防守

第1、2 对步足：用于爬行

第3、4 对步足：用于支撑螺壳内壁，使躯体稳定

尾扇：用于钩住螺壳

寄居蟹

腹部：柔软无甲壳覆盖

寄居蟹的腹部非常柔软，没什么战斗力，如果完全暴露自己，就很容易被天敌捕食。

为了躲避天敌、保全自己，寄居蟹的一生都要背负着重重的"房子"，完好坚固并且大小合适的"房子"对它们来说关乎生死。

"蜗居"的寄居蟹

失去"房子"庇护的寄居蟹

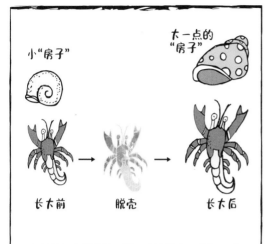

小"房子"　　　　大一点的"房子"

长大前　　→　　脱壳　　→　　长大后

和其他甲壳类生物一样，寄居蟹也需要经历脱壳才能继续长大，长大后要寻找更大的"房子"。

随着身体的成长，寄居蟹的一生需要不停地更换新的"房子"。争夺"新房"的激烈程度，在前面的漫画中大家都见识到了。

寄居蟹的"房子"多为螺壳，但随着环境被污染，并不是每只寄居蟹都能找到合适的螺壳，它们无奈之下也会躲进人类的垃圾（如瓶盖）中寻求庇护。所以刘博士再次呼吁大家要爱护环境哦！

本回就说到这儿，"蟹蟹"收看！

第 15 回
一个瓶子引发的血案

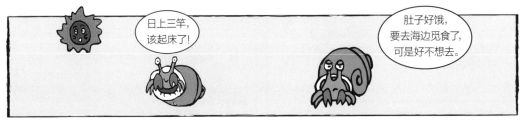

刘博士大讲堂

近年来，海漂垃圾的问题越来越严重。海漂垃圾不但影响沿海沙滩的美观，对海洋生物们的危害也很大。

寄居蟹在穿越海漂垃圾时，一旦不小心掉入塑料瓶等容器中，而又无法爬出，就会活活饿死。其他寄居蟹在闻到同伴尸体的气味后就会聚集而来，寻求换壳的机会。于是便有更多的寄居蟹困在容器中死亡。

有人曾在一个矿泉水瓶中发现了526只死亡的寄居蟹，是不是很震惊！

寄居蟹亟待关注和保护

胃中塞满了误食的塑料垃圾

而鸟类等动物一旦误食了海漂垃圾，特别是难以降解的塑料垃圾，等待它们的就只有死亡。

除此之外，许多海洋动物的一生都在忍受着海漂垃圾带给它们的难以磨灭的伤害。

海漂垃圾里的鸟窝和鸟蛋

你随意丢弃的一个小小的塑料垃圾，可能会漂洋过海，对海洋动物们造成巨大的危害。

我们能做什么？

不乱丢垃圾，
做好垃圾分类，
减少一次性用品的使用，
参加净滩活动，等等。

清理红树林里的海漂垃圾

本回就说到这儿，"蟹蟹"收看！

第 16 回
爱吃树叶的"蛮牛"

起风了，飘了好多落叶。

把我帅气的造型都搞凌乱了，讨厌。

我认得你，你是会吃团水虱的"蛮牛"，对不对？

Hello，石小黄！

双齿拟相手蟹

没问题，你要树叶干吗呀？

对呀，你能不能把你头顶的树叶给我？

给。

看起来好新鲜，我想吃。

咀嚼

咀嚼

咀嚼

太难吃了……

呸

哈哈，你习惯吃硅藻，吃不惯叶子很正常。

不过我切叶子会产生碎屑，加速叶子分解，也会间接加速你的食物（硅藻）的形成。

叶子碎屑

硅藻

呃……多谢了，莫名欠了个人情。

这么看来，你还得感谢我呢。

再见!

好了，我得藏一些叶子在洞里，再见了!

刘博士大讲堂

双齿拟相手蟹分布于红树林林下根系附近。它们的头胸甲通常呈绿色，螯足呈黄色至红色。也有人称它们为"蛮牛"。

它们是切叶小能手，在取食掉落的树叶时，两只螯有明确的分工与协作。通常一只螯负责夹住叶片边缘，固定好叶片；另一只螯则负责撕扯叶肉送入嘴里。

负责固定叶子　　　　负责撕扯叶肉进食

吃叶子的"蛮牛"

涨潮时，它们会爬到红树植物的树干或树枝上；退潮后，它们又回到滩涂上寻找凋落物。

它们还会把树叶拖进洞里藏起来，以备不时之需。食物永远是生存的第一要素呀。

双齿拟相手蟹通过啃食落叶等凋落物，加快凋落物的分解，促进物质和能量循环，为红树林生态系统做出了重要贡献。

除了爱吃树叶，它们还是团水虱的克星。团水虱对红树林有极大的危害，它们会蛀蚀红树植物树干基部和根系，导致红树植物倒伏甚至死亡。

危害红树林的团水虱

但是它们也面临着人类的威胁。每年七八月份是"蛮牛"最多的时节，人们算好涨潮的时间，在天黑后带着手电筒到红树林里抓"蛮牛"。因为涨潮时，有些"蛮牛"会爬到树干上。

完蛋，动不了了!

这个时候只要用灯光一照，它们就呆住了，此时它们只能"束手就擒"。

其实"蛮牛"没什么肉，口感也不好，通常只能用来做蟹酱。如果大量抓捕它们，团水虱就少了天敌，一旦团水虱大面积爆发，对红树林的危害可就大了。

吃烟头的"蛮牛"

当台风暴潮来临，失去了红树林的庇护，最终遭殃的还是人类。如果知道过度消费"蛮牛"蟹酱可能导致生命财产安全受到严重威胁，你还会吃吗？

对了，刘博士还曾经在红树林见到过叼着烟卷的"蛮牛"，像吃叶子一样撕扯吃烟头。

刘博士再次呼吁大家要爱护环境，不随地丢弃垃圾，不然我们丢弃的垃圾有可能就会被它们当作食物误食哦。

第 17 回
奔跑吧，角眼沙蟹！

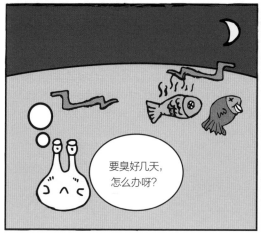

几秒后……

刘博士大讲堂

角眼沙蟹隶属于沙蟹科，是体形最大的沙蟹。雄性角眼沙蟹的头胸甲宽度可达 5 厘米，两侧步足完全伸展后全长可达 25 厘米，站立时高约 10 厘米。

角眼沙蟹有一对长圆形的眼睛，眼睛的顶端还长有一个角状突起，好似顶在眼睛上的天线，因而得名。雄蟹眼球上的角状突起特别明显，雌蟹或幼蟹的角状突起较短或不明显，有时也没有突起。角状突起可以体现雄蟹的魅力，更易于吸引雌蟹，此外也对其他生物起到威慑的作用。

角状突起 ←　　　→ **长圆形的眼睛**

角眼沙蟹

角眼沙蟹（雄性）

抱卵的角眼沙蟹（雌性）

角眼沙蟹分布于高潮带靠近陆地的干燥沙滩上，挖洞穴居。洞的入口处通常倾斜，便于出行，整个洞类似斜"L"形。角眼沙蟹的个头越大，洞口就越大，洞穴也越深。

角眼沙蟹的洞穴

角眼沙蟹算得上是螃蟹中的博尔特。在受到威胁逃命的时候，它们的横移速度非常快，在硬质沙地的最高实验记录能达到 2.2m/s。

它们在快速奔跑时常将身体拱起，腹部不着地，同时将最后一对步足收起，仅利用其他三对步足的快速交替运动就实现了沙滩上的飞奔，因而它们在闽南语里也被称为"沙马仔"。其实，角眼沙蟹不仅仅是蟹类中的短跑冠军，陆地上其他无脊椎动物也没有比它们跑得更快的。

角眼沙蟹喜欢昼伏夜出,最主要的原因可能是白天太热,容易脱水。虽然它们在高潮带干燥的沙滩上掘穴,对干燥和日晒有一定的耐受力,但毕竟还是蟹类,以鳃呼吸,就离不开水,得时刻保持鳃的湿润。

泡个海水澡

说到吃,角眼沙蟹实在太不讲究了! 它们可以像其他沙蟹科蟹类一样挖沙子滤食里面的有机碎屑,也可以吃沙滩上的动物尸体,嘴馋了还会去抓些昆虫或小型蟹类如股窗蟹、和尚蟹来改善伙食,有时候还会捕食刚孵化出来正冲向大海的小海龟。

站住!

拦路蟹

角眼沙蟹拥有特殊的变色能力,它们的外壳可以随着环境颜色的改变而改变。沙滩颜色越浅,角眼沙蟹的颜色也会越浅;沙滩颜色越暗,它们外壳的颜色也越深。这样就可以降低被天敌发现的概率从而保护自己。

正在取食昆虫的角眼沙蟹

本回就说到这儿,
"蟹蟹"收看!

第 18 回
会相扑的"沙画艺术家"

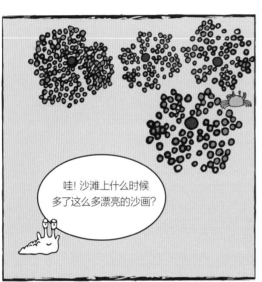

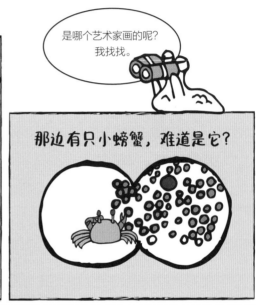

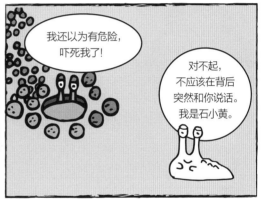

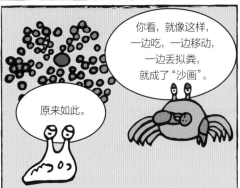

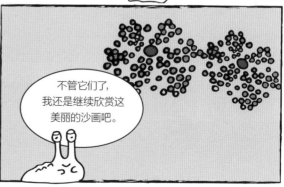

刘博士大讲堂

韦氏毛带蟹属于沙蟹科。个头很小，头胸甲略呈球形，宽约1厘米，体色与沙滩颜色相近，形成很好的保护色，如果不仔细观察，很难发现它的行踪。

韦氏毛带蟹

在环境较好、人为干扰较小的沙滩，常常能看到沙滩的表面由许多大小一致的小沙球装饰而成的"花朵"，这些小沙球就是韦氏毛带蟹的"拟粪"。

退潮的时候，韦氏毛带蟹会从洞里钻出来进食。它们的食物是混在沙子中的有机碎屑和微型生物。

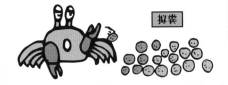

拟粪

正在进食的韦氏毛带蟹

因为沙子里面的食物有限，为了能吃饱，几乎在整个退潮时间里，韦氏毛带蟹都在一边不停地吃吃吃，一边不停地排出拟粪，这样不知不觉就完成了沙滩上的巨幅"沙画"。简直是天生的艺术家。

耶！我是艺术家！

韦氏毛带蟹的"沙画作品"

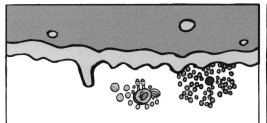

然而，再壮观的沙画作品，在潮间带也是昙花一现，转瞬即逝。涨潮时，韦氏毛带蟹已经早早钻回洞中，而它们创作的这些"艺术品"被潮水毫无保留地推平。直到下一次退潮后，沙滩又变成了一张白纸，"艺术家"们又会陆续钻出洞口开始新一轮"创作"。

韦氏毛带蟹的警惕性很高，一旦察觉到风吹草动就会一溜烟钻回洞里，或者像短指和尚蟹一样以迅雷不及掩耳之势原地螺旋钻入沙中，因而"创作"的过程时常会被打断，等察觉没有危险后它们才会钻出洞口继续进食和"创作"。

跑回洞中

就地挖洞躲藏

正在打架的韦氏毛带蟹

对于个头小巧的韦氏毛带蟹而言，广袤的沙滩让它们都有足够的空间创作沙画，通常不会挤到一起。但也有为了争地盘打架的时候。它们打架很有趣，面对面，各自的两只螯足夹住对方的螯足，最后的一对步足往上撑，剩下的三对步足彼此纠缠，像两个相扑选手在较量。

本回就说到这儿，"蟹蟹"收看！

第 19 回
来自远古的鲎鱼

每年6月至9月，鲎小姐就会背着我
从海里前往沙滩产卵。

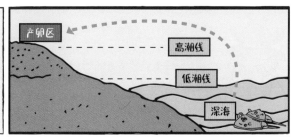

我们要先走啦,
石小黄拜拜!

好恩爱啊,
真让人羡慕!

我们也要去
约会啦! 拜拜!

连弹大跳
都有女朋友了,
为什么我没有
女朋友……

刘博士大讲堂

因为石小黄你是雌雄同体啊！哪来的女朋友！

知道真相的我眼泪流下来

雌雄同体 哪来的女朋友 雌雄同体 哪来的女朋友 雌雄同体 没有女朋友 没有女朋友

鲎是很古老的生物，科学家发现的目前已知最古老的鲎化石，距今约 4.45 亿年。

全世界现存四种鲎，分别是中国鲎、圆尾蝎鲎、南方鲎和美洲鲎。
其中在我国分布的有中国鲎和圆尾蝎鲎。本回漫画中出现的就是中国鲎。

过了这么长的时间，鲎的外形基本没什么变化。

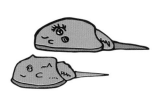

因为长相比较怪异，它们被人们称为"海怪"。雌鲎的体形比雄鲎的要大一些。

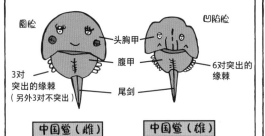

圆脸

凹陷脸

头胸甲

腹甲

6对突出的缘棘

3对突出的缘棘（另外3对不突出）

尾剑

中国鲎（雌）　　中国鲎（雄）

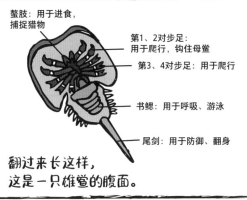

螯肢：用于进食，捕捉猎物

第1、2对步足：用于爬行，钩住母鲎

第3、4对步足：用于爬行

书鳃：用于呼吸、游泳

尾剑：用于防御、翻身

翻过来长这样，这是一只雄鲎的腹面。

雌鲎"背夫"现场

在繁殖期，雌鲎要一直背着雄鲎，前往沙滩产卵，一直不分离。所以人们也叫它"夫妻鱼""鸳鸯鱼"等，寓意忠贞不渝的爱情。

含有铜离子的鲎血无色透明，遇空气氧化后呈蓝色。

鲎为人类的医疗健康做出了无法取代的重要贡献。利用鲎血液制成的鲎试剂，可以快速地检测医疗器械、试剂是否受细菌污染。

妖魔退散!

在早年，鲎的甲壳会被绘制成各种各样的面具，用于装饰、辟邪等。

由于栖息地丧失、环境污染和过度利用等因素，中国的鲎族群数量急剧下降。数据推测表明，仅北部湾的中国鲎在近 30 年间种群数量就下降了 90% 以上。

鲎，穿越了亿万年的时光，闯过了五次生物大灭绝，来到我们身边，可不能在我们这几代人手里灭绝!

2019 年 3 月，在世界自然保护联盟（IUCN）红色名录里，中国鲎被正式列为濒危（EN）等级。2021 年 2 月，调整后的《国家重点保护野生动物名录》正式公布，我国鲎科的中国鲎和圆尾蝎鲎均成为国家二级保护动物。

濒危（EN）

我们能做的很多：
1. 保护生态环境；
2. 坚决不吃鲎；
3. 告诉更多人。

"蟹蟹"观看!
下回见!

第 20 回
灭霸"高徒"——鼓虾

这么晚了，是谁还在吵闹？

生气！逼我发飙！

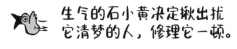

生气的石小黄决定揪出扰它清梦的人，修理它一顿。

顺着声音的方向

应该就是这里了！

怎么是一只虾！

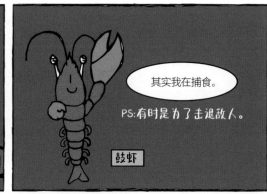

没发成飙的石小黄
气鼓鼓地回家继续睡觉了……

刘博士大讲堂

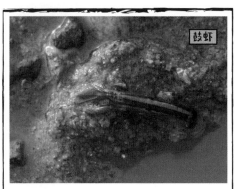

鼓虾

在海边常常可以听到"啪嗒""啪嗒"的声音，这多半就是鼓虾的杰作。

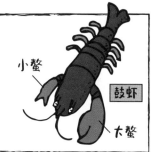

鼓虾拥有一对一大一小的螯。小的螯用于进食，大的螯则用于防御和攻击。

小螯

鼓虾

大螯

鼓虾的螯在迅速夹击的时候可以喷射出高速的水流将小范围内的猎物击晕，同时高速的水流会产生低压的气泡，在破裂的时候发出"啪嗒"声，就像打鼓一样，所以它们被称为鼓虾。

低压气泡

啪嗒

高速水流

鼓虾用大螯击晕小范围猎物的绝招，就像超能力一样，让人惊叹，这让我联想到了另外一个大神，他就是……

!#!@#!#$
`)(#*&#&

NO!

I am Groot !

嘿嘿嘿……
我最拉风。

他就是"大紫薯"灭霸。灭霸的一个响指，就让半数的宇宙生物瞬间消失。

鼓虾的绝招会不会就是从灭霸那里偷学的呢？这个刘博士就不知道了，哈哈哈。

师父？

徒弟？

对了，鼓虾的大螯要是不小心弄断了，过一段时间还会再长出来。

SO

但原来的小螯会变成大螯，新生的就变成小螯了。是不是很神奇？

本回就说到这儿
"蟹蟹"收看！

第 21 回
"死宅" 藤壶的危害

刘博士大讲堂

藤壶偏好集群而居，常分布于海边的礁石上，像一个个小小的火山。

藤壶

虽然从外观上看，藤壶长得像贝壳，但其实藤壶是一种甲壳动物，和螃蟹、虾之类的算是亲戚。

亲戚

藤壶

白脊管藤壶

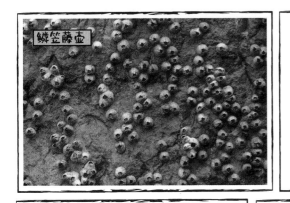

鳞笠藤壶

大部分藤壶是雌雄同体，异体繁殖。充当雄性的藤壶会伸出长长的交接器，和充当雌性的藤壶进行交配。

交接器

♂ ♀

藤壶的一生分为三个阶段。第一个阶段叫无节幼体，长得有点像虫子，靠触手在水里游泳觅食。

无节幼体

之后它们就进入腺介幼体阶段，开始寻找合适的附着地，然后分泌强力的胶水——藤壶胶，把自己固定住。一旦固定住，这辈子就不能移动了。

腺介幼体

选址完成后，它们会在体表周围形成石灰质的外壳，然后开始它们"宅一生"的生活。

藤壶

为了获得更多的营养物质、过滤更多的海水，它们喜欢附着在水流比较急的地方以保证食物的充足。藤壶觅食的时候，会从壳中伸出蔓足，像小网一样截住水中的食物，然后抓回壳内吃掉。

藤壶蔓足

因此对藤壶来说，四处游动的海洋动物是很好的附着选择，比如鲸鱼。藤壶将自己的外壳牢牢嵌入鲸鱼的皮肤，在鲸鱼身上大量繁殖。越来越多的藤壶会给鲸鱼带来巨大的痛苦，因此瘙痒难耐的鲸鱼经常拍击水面试图清除身上的藤壶。

藤壶

藤壶的大量附着还会导致红树植物幼苗倒伏死亡。

体形较小的海龟就不只是瘙痒那么简单了，一旦被藤壶大量附着，藤壶的重量会限制海龟的正常行动，甚至危害它的生命。

藤壶

藤壶也会对船只产生很大的破坏。它们附着在船底大量繁殖，分泌藤壶胶，使船底的金属更容易被锈蚀。同时，还增加了船的自重，增大行进的阻力，从而大幅增加燃料消耗。因此，定期清除藤壶是件非常重要的工作。

附着在红树植物上的藤壶

所以，虽然藤壶小小的，又只能宅着不动，看似人畜无害，其实对海洋生物以及人类的危害是很大的。

本回就说到这儿，"蟹蟹"收看！

第 22 回
紧贴岩石不放的石鳖

某天，石小黄在海边瞎溜达

有点无聊……

咦? 有个盾牌贴在礁石上。

中间有八个壳，好硬啊，

戳啊戳!

完美抵挡

我要是有这个盾牌防身，那就太好啦!

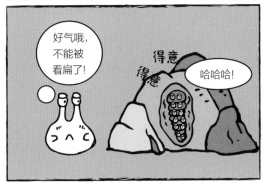

不服气的石小黄叫来一堆帮手，誓要将石鳖从岩石上弄下来……

刘博士大讲堂

石鳖是多板纲的软体动物，常分布于潮间带礁石区的岩缝中。石鳖也是古老的生物，化石记录表明其祖先最早可追溯到 5 亿年前的寒武纪。

石鳖

石鳖呈椭圆形，背面稍隆起，腹面平坦。背部中间有 8 个覆瓦状排列的贝壳。贝壳外裸露的一圈外套膜，称为环带，环带上多密布瘤凸、小棘或小针。

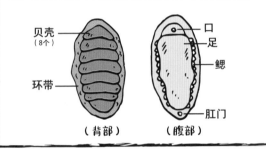

贝壳（8个）

口

足

鳃

环带

肛门

（背部）　（腹部）

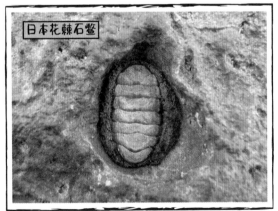

日本花棘石鳖

不同种的石鳖，其背部 8 个贝壳的大小、形状、花纹以及环带上丛生的结构均有差异，这些都是石鳖种类鉴定的依据。比如海胆石鳖，它们的环带又粗又厚，上面插满了又黑又长的大刺，特别像海胆。

海胆石鳖

海胆石鳖

和石磺一样，石鳖也是贝类。不同的是在进化的过程中，石磺的贝壳完全退化了，而石鳖却拥有 8 个贝壳，是"衣着"最多的软体动物（贝类）。

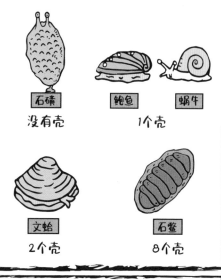

石磺
没有壳

鲍鱼 蜗牛
1个壳

文蛤
2个壳

石鳖
8个壳

更特别的是，石鳖的"眼睛"其实是长在贝壳上的，直径不到 0.1 毫米，是非常小的"微眼"。数百只"微眼"按一定顺序分布于贝壳上，形成一个"微眼网络"。科学家们认为，这个"微眼网络"起到了复眼的作用。

作为脆弱的软体动物，石鳖除了有 8 个坚硬的外壳护身外，遇到危险时，它们还会将足部肌肉收缩，身体紧贴在石壁上，形成真空，并分泌黏液，牢牢粘在礁石上。这时，哪怕是将壳暴力砸烂，也很难将它从石头上取下来。

石鳖多以石头上的藻类为食，进食的工具是长满小细牙的齿舌，更特别的是，石鳖的牙齿居然像磁铁一样具有磁性！

锋利的齿舌

遇到危险时，如果石鳖刚好不在岩石上，它们的第一反应是将身体蜷曲起来，把最柔软的腹部包在内部，用坚硬的外壳保护自己。

遇到危险蜷成一团的动物们

石鳖

穿山甲

刺猬

球马陆

石鳖也是可以食用的，晒干后的石鳖和鲍鱼干有几分类似。有些不法商贩会用石鳖干冒充鲍鱼干。其实二者很容易分辨，背面有8个拔除贝壳后遗留的深坑的是石鳖。

鲍鱼干

石鳖干

本回就说到这儿，"蟹蟹"收看！

第 23 回
龟足——礁石区的"四不像"

啦啦啦，我上看下看，左看右看……

咦？这是？！

难道说……

糟了，应该是乌龟困在礁石里了，我去看看。

应该就是这里了，怎么没看到乌龟呢？

咦？为什么礁石上长着乌龟的脚呢？

藤壶？

是呀！

只不过藤壶全身都是硬的，我下半身是软的，还能扭动呢！

长得完全不一样！那你也会滤食海水里的小生物吗？

猜对了！

我们也是靠伸出的蔓足滤食海水里的营养物质。

哈哈，有浪来了，有的吃了！

哎呀！

又一群奇怪的家伙。

刘博士大讲堂

龟足与各种藤壶都隶属于节肢动物门甲壳纲蔓足亚纲，外形酷似乌龟的脚、狗爪、鸡脚、佛手，是礁石区的"四不像"。

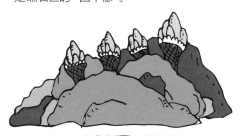

龟足

龟足分为头状部和柄部。它的头状部侧扁，由 8 块白色的壳板结合成一个壳室。它的柄部也侧扁，长度略短于头状部，外表完全被椭圆形石灰质的小鳞片紧密覆盖，呈黄褐色或浅褐色，像极了乌龟脚上的皮肤。

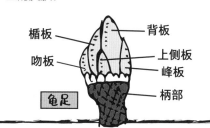

楯板　　　　背板
吻板　　　　上侧板
　　　　　　峰板
龟足　　　　柄部

和藤壶一样，龟足也喜欢附着在惊涛骇浪的海岸礁石区，靠伸出的蔓足滤食海水里的营养物质。

龟足蔓足

龟足也是雌雄同体，它们通常异体受精。充当雄性的龟足会伸出长长的交接器，和充当雌性的龟足进行交配。

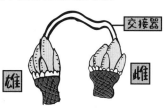

交接器

雄　雌

龟足的柄部肌肉非常发达，当遇到危险时，柄部肌肉会快速收缩，将相对软弱的柄部藏进岩缝中，仅留下卡在缝隙外坚硬的石灰质壳板。

此外，龟足还是餐桌上难得的美食，是配酒佳肴。龟足可白灼也可爆炒，煮熟后用一只手捏住头状部的石灰质壳板，另一只手沿着壳室下端将柄部粗糙的外皮撕掉，露出的"小鲜肉"口感似蟹肉，味道鲜美。

可食用的柄部肌肉

其实论口感与美味，龟足比不上它的一个大名鼎鼎的亲戚——被誉为"来自地狱的海鲜"的鹅颈藤壶。

鹅颈藤壶

本回就说到这儿，"蟹蟹"收看！

鹅颈藤壶分布在大西洋东北部沿岸常年被海浪拍打的高潮带岩缝中。因为采集难度高、危险系数大，又比较稀少，所以特别昂贵，一斤的价格可高达 800 元。

第 24 回
海岸清道夫——海蟑螂

石小黄决定爬出洞穴，一探究竟……

谁这么没公德心，把垃圾倒在我家门口？

难道我要因此搬家吗？烦……

石小黄的家
↓

就在石小黄发愁的时候，一道黑影闪到跟前……

嗖！嗖！嗖！

我的天！你是谁？跑得好快呀！

嘻嘻嘻，石小黄别担心，我来帮你！

海岸清洁队？

哈哈，我是海蟑螂，同时也是海岸清洁队的队长。

海蟑螂

那么你能帮忙清理我家门口的垃圾吗？

当然没问题！我就是闻到腐臭味才过来的，这些都是我们的美食。

真是太好了！不过就你一个，打理得完吗？

别担心！大部队马上就会来。

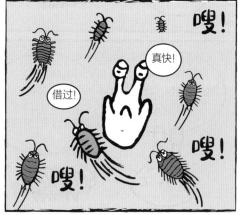

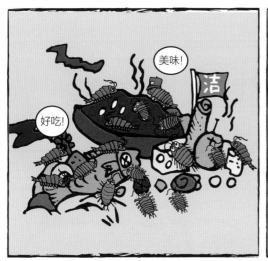

  几个小时后……

刘博士大讲堂

海蟑螂是一种岸栖甲壳类动物，因外表和行动都酷似蟑螂而得名。

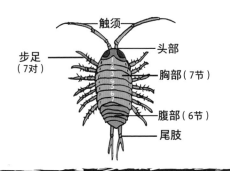

触须
步足
（7对）
头部
胸部（7节）
腹部（6节）
尾肢

但是海蟑螂却不是大海里的"蟑螂"，海蟑螂和陆地上的蟑螂其实没有什么关系。简单地说，海蟑螂是一种潮虫，而蟑螂是一种昆虫，本质上是完全不一样的。

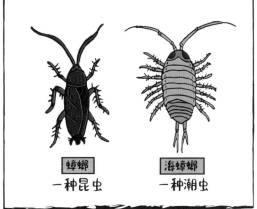

蟑螂
一种昆虫

海蟑螂
一种潮虫

海蟑螂

真正能和海蟑螂攀上亲戚的是鼠妇和卷甲虫，它们都是生活在陆地上的潮虫，经常可以在翻开的砖瓦、枯枝烂叶等潮湿的角落发现它们。

鼠妇

卷甲虫

而海蟑螂是半陆生潮虫，长时间在海水里会淹死，长时间在陆地上又会干死。是不是有点矫情？哈哈哈。

啊我死了。是真的死了。

海蟑螂行动敏捷，遇到危险时能利用它的 7 对步足快速逃跑。有人曾经测算出，海蟑螂的步足每秒能跑 16 步之多。

海蟑螂

而且它们的步足上布满刚毛和尖刺，步足末端呈钩状，在粗糙的表面有很强的抓地力，这样海蟑螂才能在礁石上健步如飞。

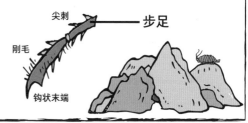

尖刺

步足

刚毛

钩状末端

海蟑螂以藻类、人类的有机垃圾和动物腐尸为食，常常成群结队将食物一扫而空，故有"海岸清道夫"之称。

而海蟑螂自身又是部分海鱼及虾蟹的食物，在海洋生态系统中扮演极其重要的角色。海蟑螂还是垂钓爱好者理想的饵料。

海蟑螂跑得很快，想捉住它们可不是件简单的事。不过，人们利用海蟑螂食腐的特点，在掏孔的瓶子里放上死虾等诱饵，海蟑螂就很容易自投罗网了。

除此之外，海蟑螂还是一味药材。人们将海蟑螂烘干、研磨成粉，可以治疗跌打损伤，消肿止痛。

虽然海蟑螂从外表上看不那么讨人喜欢，但是对海洋生态系统乃至人类都是非常有益的，所以万物不能只看表面哦。

本回就说到这儿，"蟹蟹"收看！

第 25 回
"海米粉"制造者
——蓝斑背肛海兔

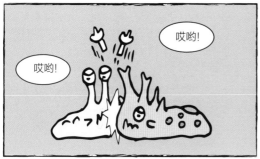

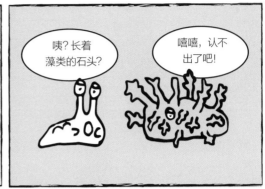

完全看不见!

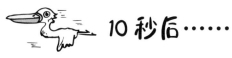

10秒后……

终于安全了。

你也是乌贼吗?

你刚才怎么变成藻类了?你会七十二变吗?

我是蓝斑背肛海兔。

蓝斑背肛海兔

那是我们躲避敌人的伪装。

喷紫色液体也是为了更容易逃跑,我容易吗?

别别别……

所以别再惹我了,不然我再喷液体哦!

刘博士大讲堂

蓝斑背肛海兔的名称，浅显易懂！
蓝斑，指其背上分布有圆形的浅蓝色眼状斑纹；
背肛，指它的肛门在背部。

肛门

蓝斑

蓝斑背肛海兔

海兔是海兔科软体动物的统称。海兔科软体动物有一些基本特征，比如头部有2对触角、贝壳多已退化等。因为有触角、看起来像兔子而得名。2对触角有不同的分工，前面一对负责触觉，后面一对负责嗅觉。

负责触觉的触角

负责嗅觉的触角

蓝斑背肛海兔是杂食动物，它的嘴位于头部腹面，主要刮食滩涂表面的底栖硅藻和有机碎屑。它一边爬一边吃，有时还会像石小黄一样边吃边拉。

硅藻！

蓝斑背肛海兔体表遍布黑、绿色素，它的体色会根据环境的不同而发生一定程度的变化，从而伪装自己。它的体表还长了许多黄褐色树枝状突起，"装死"的时候犹如长满藻类的石头。

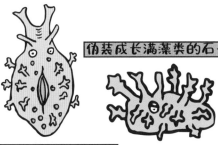

伪装成长满藻类的石头

身上长满树枝状突起

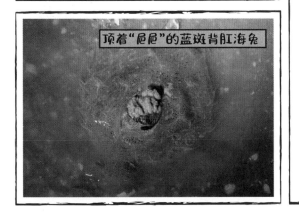

顶着"屁屁"的蓝斑背肛海兔

为了躲避敌害，它还能喷出紫色墨汁，将水体染紫，蒙蔽敌人，并趁机逃跑。

和石小黄一样，蓝斑背肛海兔也是雌雄同体，但它自己无法给自己受精，需要异体受精。

和我一样

蓝斑背肛海兔交配现场

蓝斑背肛海兔的交尾场面隆重，常常多只聚集在一起，排成一列"火车"。在这列"火车"里，除了"火车头"是单纯雌性角色，以及"火车尾"是单纯雄性角色外，中间的各节"车厢"前半截是雄性、后半截是雌性。最终，除了"火车尾"的那只海兔没有受精外，其他的海兔全部完成受精。

雌性角色　　前半截是雄性　后半截是雌性　　雄性角色

蓝斑背肛海兔交尾通常持续几个小时，交尾一日后便可开始产卵。海兔的卵（群带）俗称"海粉"（或"海米粉"），营养成分较高，又具有诸多药用价值。不同个体的海兔因种类或食物的不同，所产的卵群带颜色会有不同，一般介于浅绿色和深黄色之间。

"海米粉"

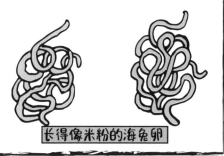

长得像米粉的海兔卵

本书就先说到这儿，石小黄与更多朋友的故事，欢迎观看《我们赶海去2》！

物种小档案

蟹无敌

作者注：近年来，由于分子生物学等新的分类手段的运用和体系的建立，分类学正发生着日新月异的变化，使不少分类阶元和物种的拉丁学名都随之发生了变化，但其对应的中文名并未及时更新。因此，为了体现最新的分类学成果，本书中所有分类阶元的拉丁名以及物种的拉丁学名均采用国际最新的分类系统，并以权威海洋分类学数据库——世界海洋物种目录（WoRMS）为依据，而分类阶元及物种的中文名以学界定名为准，并秉承以下几个原则：1. 最新、权威、可追溯；2. 若暂无定名则不写，不随意自创，极个别合理的除外。

第 1 回

中 文 名：瘤背石磺
拉 丁 名：*Onchidium reevesii*
科 　　名：石磺科 Onchidiidae
属 　　名：石磺属 *Onchidium*
别 　　名：海癞子、泥龟、土鲍鱼、
　　　　　土海参、土鸡
分 布 区 域：栖息于潮间带高潮带及
　　　　　潮上带的滩涂和礁石区。

第 3 回

中 文 名：红树
拉 丁 名：*Rhizophora apiculata*
科 　　名：红树科 Rhizophoraceae
属 　　名：红树属 *Rhizophora*
别 　　名：正红树
分 布 区 域：分布于盐分较高的中潮带滩涂，
　　　　　在风浪较小的海湾能分布至海
　　　　　滩最外围形成纯林。

第 3 回

中 文 名：红榄李
拉 丁 名：*Lumnitzera littorea*
科 　　名：使君子科 Combretaceae
属 　　名：榄李属 *Lumnitzera*
别 　　名：无
分 布 区 域：分布于风平浪静的海湾淤泥质
　　　　　滩涂中。在我国，仅在海南陵
　　　　　水和三亚有天然分布，在海南
　　　　　东寨港有人工引种。

第 4 回

中 文 名：红海榄
拉 丁 名：*Rhizophora stylosa*
科 　　名：红树科 Rhizophoraceae
属 　　名：红树属 *Rhizophora*
别 　　名：无
分 布 区 域：多分布于红树林内缘，具有发
　　　　　达的支柱根，抗风浪能力强。

第4回

中　文　名：白骨壤
拉　丁　名：*Avicennia marina*
科　　　名：马鞭草科 Verbenaceae
属　　　名：海榄雌属 *Avicennia*
别　　　名：海榄雌
分布区域：我国分布最广的红树植物之一。
　　　　　多分布于红树林外缘，具有发达
　　　　　的指状呼吸根。

第5回

中　文　名：木榄
拉　丁　名：*Bruguiera gymnorrhiza*
科　　　名：红树科 Rhizophoraceae
属　　　名：木榄属 *Bruguiera*
别　　　名：无
分布区域：多分布于红树林内缘，
　　　　　是中、内滩红树林主要
　　　　　树种。

木榄胚轴

第6回

中　文　名：桐花树
拉　丁　名：*Aegiceras corniculatum*
科　　　名：紫金牛科 Myrsinaceae
属　　　名：桐花树属 *Aegiceras*
别　　　名：蜡烛果
分布区域：多分布于有淡水输入的中潮
　　　　　带滩涂，常大片生长在红树
　　　　　林外缘。

桐花树叶

第7回

中　文　名：银叶树
拉　丁　名：*Heritiera littoralis*
科　　　名：梧桐科 Sterculiaceae
属　　　名：银叶树属 *Heritiera*
别　　　名：翻白叶子树
分布区域：主要分布于高潮线附近少受潮汐
　　　　　浸淹的红树林内缘。在我国，海南、
　　　　　广东、广西、台湾和香港等地有
　　　　　天然分布。

银叶果

第8回

中　文　名：老鼠簕
拉　丁　名：*Acanthus ilicifolius*
科　　　名：爵床科 Acanthaceae
属　　　名：老鼠簕属 *Acanthus*
别　　　名：无
分布区域：分布于红树林内缘、潮沟两侧，有时也组成小面积的纯林。

第8回

中　文　名：水椰
拉　丁　名：*Nypa fruticans*
科　　　名：棕榈科 Palmae
属　　　名：水椰属 *Nypa*
别　　　名：亚答树
分布区域：常分布于咸淡水交界的河口、河滩区域，或生长于红树林最内缘。在我国仅零星分布于海南。

第8回

中　文　名：秋茄
拉　丁　名：*Kandelia obovata*
科　　　名：红树科 Rhizophoraceae
属　　　名：秋茄属 *Kandelia*
别　　　名：水笔仔
分布区域：在我国，凡是有红树林分布的地方均有秋茄，多分布于群落外缘。

第9回

中　文　名：弹涂鱼
拉　丁　名：*Periophthalmus modestus*
科　　　名：虾虎鱼科 Gobiidae
属　　　名：弹涂鱼属 *Periophthalmus*
别　　　名：跳跳鱼、泥猴
分布区域：分布于潮间带中、低潮区泥质滩涂，穴居。

第 10 回

中 文 名：大弹涂鱼
拉 丁 名：*Boleophthalmus pectinirostris*
科　　名：虾虎鱼科 Gobiidae
属　　名：大弹涂鱼属 *Boleophthalmus*
别　　名：花跳、泥猴、跳跳鱼、海狗
分布区域：分布于潮间带中、低潮区泥质滩涂，穴居。

第 11 回

中 文 名：弧边招潮蟹
拉 丁 名：*Tubuca arcuata*
科　　名：沙蟹科 Ocypodidae
属　　名：*Tubuca*
别　　名：弧边管招潮、网纹招潮蟹、大螯仙、大脚仙
分布区域：分布于中、高潮带的淤泥质滩涂上，尤其是红树林周围。

第 12 回

中 文 名：短指和尚蟹
拉 丁 名：*Mictyris brevidactylus*
科　　名：和尚蟹科 Mictyridae
属　　名：和尚蟹属 *Mictyris*
别　　名：沙蟹、沙和尚、长腕和尚蟹
分布区域：常成群结队生活在潮间带沙滩或泥沙质滩涂。

第 13 回

中 文 名：熟练新关公蟹
拉 丁 名：*Neodorippe callida*
科　　名：关公蟹科 Dorippidae
属　　名：新关公蟹属 *Neodorippe*
别　　名：武士蟹
分布区域：多分布于潮间带至潮下带浅水中，常将贝壳、海胆等物体置于背上掩护自己。

第 14 回

中　文　名：长螯活额寄居蟹
拉　丁　名：*Diogenes avarus*
科　　　名：活额寄居蟹科 Diogenidae
属　　　名：活额寄居蟹属 *Diogenes*
别　　　名：白住房、干住屋
分布区域：多分布于潮间带中、低潮区泥沙底，
　　　　　寄居于螺壳内。

第 15 回

中　文　名：小型寄居蟹
拉　丁　名：*Pagurus minutus*
科　　　名：寄居蟹科 Paguridae
属　　　名：寄居蟹属 *Pagurus*
别　　　名：白住房、干住屋
分布区域：多分布于潮间带中、低潮区泥
　　　　　沙底，寄居于螺壳内。

第 16 回

中　文　名：双齿拟相手蟹
拉　丁　名：*Parasesarma bidens*
科　　　名：相手蟹科 Sesarmidae
属　　　名：拟相手蟹属 *Parasesarma*
别　　　名：蛮牛、双齿近相手蟹
分布区域：分布于河口泥滩上，红树林林下
　　　　　根系附近较常见，有些个体会在
　　　　　根系周围掘穴生活。

第 17 回

中　文　名：角眼沙蟹
拉　丁　名：*Ocypode ceratophthalmus*
科　　　名：沙蟹科 Ocypodidae
属　　　名：沙蟹属 *Ocypode*
别　　　名：沙马仔、幽灵蟹、屎蟹
分布区域：分布于潮间带高潮区靠近陆地的
　　　　　干燥沙滩上，挖洞穴居。

第18回

中　文　名：韦氏毛带蟹
拉　丁　名：*Dotilla wichmanni*
科　　　名：毛带蟹科 Dotillidae
属　　　名：毛带蟹属 *Dotilla*
别　　　名：沙蟹
分布区域：多分布于潮间带高、中潮区
　　　　　沙滩或泥沙质滩涂。

第19回

中　文　名：中国鲎
拉　丁　名：*Tachypleus tridentatus*
科　　　名：鲎科 Limulidae
属　　　名：亚洲鲎属 *Tachypleus*
别　　　名：马蹄蟹、海怪、夫妻鱼、
　　　　　海底鸳鸯
分布区域：主要生活在浅海沙质海底，繁殖
　　　　　季节常成对出现在盐度较低的河
　　　　　口，尤其是红树林区。

第20回

中　文　名：刺螯鼓虾
拉　丁　名：*Alpheus hoplocheles*
科　　　名：鼓虾科 Alpheidae
属　　　名：鼓虾属 *Alpheus*
别　　　名：短腿虾、枪虾
分布区域：分布于潮间带中潮区至潮下带
　　　　　的沙质或泥沙质底及砾石下。

第21回

中　文　名：白脊管藤壶
拉　丁　名：*Fistulobalanus albicostatus*
科　　　名：藤壶科 Balanidae
属　　　名：管藤壶属 *Fistulobalanus*
别　　　名：无
分布区域：固着于潮间带码头、岩石、木
　　　　　桩、贝壳、船底和红树植物上。

物种小档案　165

第 22 回

中　文　名：日本花棘石鳖
拉　丁　名：*Liolophura japonica*
科　　　名：石鳖科 Chitonidae
属　　　名：驼石鳖属 *Liolophura*
别　　　名：大驼石鳖
分 布 区 域：常分布于潮间带礁石区的岩缝中。

第 23 回

中　文　名：龟足
拉　丁　名：*Capitulum mitella*
科　　　名：指茗荷科 Pollicipedidae
属　　　名：龟足属 *Capitulum*
别　　　名：狗爪螺、石蜐、鸡冠贝、笔架、鸡脚、
　　　　　　佛手贝、观音掌
分 布 区 域：分布于海浪强烈冲刷的高潮带礁石
　　　　　　区，常常依靠柄部成群固着在岩石
　　　　　　缝隙中。

第 24 回

中　文　名：海蟑螂
拉　丁　名：*Ligia (Megaligia) exotica*
科　　　名：海蟑螂科 Ligiidae
属　　　名：海蟑螂属 *Ligia*
别　　　名：海岸水虱、海蛆、海岸清道夫
分 布 区 域：多分布于高潮带的礁石区或人工
　　　　　　设施缝隙内，有时也在红树植物
　　　　　　树干上穿行。

第 25 回

中　文　名：蓝斑背肛海兔
拉　丁　名：*Bursatella leachii*
科　　　名：海兔科 Aplysiidae
属　　　名：背肛海兔属 *Bursatella*
别　　　名：海猪仔、海猫仔、海土鬼、海珠
分 布 区 域：分布于潮下带淤泥质或泥沙质滩
　　　　　　涂或海藻上，产卵季节会出现在
　　　　　　潮间带低潮区。

作者有话说

2001 年，我们创立了中国红树林保育联盟，致力于推动以红树林为主的滨海湿地的基础研究、保护、修复、公众参与和教育工作。在过去的二十年里，我们走进了上千个学校和社区，与数十万的受众互动，我们发现公众对于红树林和其他滨海湿地的认知异常匮乏，他们问的最多的三个问题是："红树林是红色的吗？""这是什么海洋生物？""您推荐哪些科普书籍？"

显然，滨海湿地及其生物多样性的科普工作仍任重道远。

寻找一种合适的题材，在保证科学性和前沿性的基础上，将生涩难懂的科学研究转化为通俗易懂的科普知识，并使其风趣灵动，老少咸宜，是提升公众意识的最佳途径。于是，2019 年 4 月，"红树慢漫画"诞生，并在公众号连载至今。

《我们赶海去》（1、2）两本书选择了部分已有的"红树慢漫画"故事进行改编更新，并创作了一些全新的物种故事。每一回分为漫画故事和"刘博士大讲堂"两部分，介绍的物种涵盖了红树植物、鸟类、鱼类、甲壳类、两栖类、贝类、棘皮动物等，系统介绍了滨海湿地及其生物多样性。

我们希望将二十年的科研、科普和保育经验浓缩成这本漫画科普书，在回答那三个最常见问题的同时，慢慢把海洋和滨海湿地的故事说给你听。

刘毅

图书在版编目（CIP）数据

我们赶海去. 1 / 刘毅, 林俊卿著；林俊卿绘. --
北京：北京联合出版公司, 2022.5（2023.12重印）
 ISBN 978-7-5596-6015-2

Ⅰ.①我… Ⅱ.①刘… ②林… Ⅲ.①海涂−海洋生
物−少儿读物 Ⅳ.①P745-49
 中国版本图书馆CIP数据核字(2022)第040857号

我们赶海去 1

著　　者：刘　毅　林俊卿
绘　　者：林俊卿
出 品 人：赵红仕
选题策划：银杏树下
出版统筹：吴兴元
编辑统筹：周　茜
特约编辑：马永乐　雷淑容
责任编辑：夏应鹏
营销推广：ONEBOOK
装帧制造：墨白空间·杨阳

北京联合出版公司出版
（北京市西城区德外大街83号楼9层　100088）
后浪出版咨询（北京）有限责任公司发行
天津图文方嘉印刷有限公司印刷　新华书店经销
字数29千字　787×1092毫米　1/24　7印张
2022年5月第1版　2023年12月第9次印刷
ISBN 978-7-5596-6015-2
定价：58.00元